シオマネキのダンス
なかよし家族の観察ノート vol.2

　この本には、とてもなかよしの家族が干潟やマングローブ林で生き物の観察をしながらお話をしている様子がえがかれています。お父さんは理科の先生です。優しいお母さんと、3人の小学生の子供たち、ユウ君、ユキちゃん、シン君は自然や生き物が大好きで、海や山に出かけることをいつも楽しみにしています。

「潮が良く引いているからみんなで干潟へ行こう！」
　とお父さんが子供たちをさそっています。
「干潟ってカニがたくさんいるんだよね」
　とユウ君はウキウキしながら聞いています。
　ユキちゃんとシン君はお母さんが作るお弁当のおにぎりが気になってしょうがありません。
「潮の満ち引きは月や地球、それから太陽の引力で決まるんだよね」
　とユウ君は学校でもいっぱい勉強したようです。
「今日もきっといろんな観察ができるよ」
　と笑顔のお父さん。お日さまが明るくかがやく日曜日、なかよし家族のお話がはじまります。

目次

1. 広い干潟をながめる　　P. 4
2. シオマネキのダンス　　P. 7
3. シオマネキの仲間たち　　P. 12
4. ときどき家にもどるシオマネキ　P. 16
5. ところ変われば　　P. 20
6. シオマネキの食事　　P. 24
7. シオマネキが「えんとつ」を作る　P. 30
8. 干潟をたがやす　　P. 34
9. カニが大集団で歩く　　P. 38
10. 干潟の上に茶わん？　　P. 41
11. 赤瓦にそっくり：カワラガイ　P. 43
12. 干潟で暮らす仲間たち　　P. 46
13. 鳥の食事　　P. 52
14. ラムサール条約に登録された干潟　P. 54
15. 干潟で見られる植物　　P. 56
16. マングローブとは？　　P. 60
17. 旅するマングローブ　　P. 66
18. マングローブの奇妙な根　P. 70
19. 貝が木に登る　　P. 74
20. 海面が上昇すると何が起こる？　P. 78
21. マングローブ林の大きな貝　P. 82
22. マングローブ林のカニ　　P. 86
23. ピョンピョンはねるトントンミー　P. 91
24. 大きな泥のやま　　P. 94

アーマン博士の解説★
さらに詳しい内容を「アーマン博士」が解説します。
※アーマンとは、沖縄の方言で「オカヤドカリ」のことです。

自然観察のための服装と
あると便利なもの

帽子／タオル／軍手／マリンシューズ（使い古しのくつでもOK）／水分補給も忘れずにね！／双眼鏡／スコップ／水／筆記用具／折りたたみいす

① 広い干潟をながめる

■ 干潟には何が見えるかな？

　潮が引いた干潟にやってきて、車を降りると子供たちは大はしゃぎ。さっそく歩き出そうとします。
「ちょっと待ってごらん」とお父さんが引き止めます。
「ここから干潟をながめてみよう。何が見えるかな」
「今は引き潮だ。今日は満月なのでとてもよく潮が引いている。でも3〜4時間後には潮が満ちてきて、この干潟は全部水でおおわれてしまうよ」
　遠くまで干上がっている広い干潟（図1−1）をながめて、子供たちが思い思いのことを言いはじめました。

広いなあ。
向こうの水があるところまで何メートルあるんだろう

鳥が来ているわ

小さな黒いものが動いているよ。なんだろうね

図1−1
広い干潟。生き物は何も見えませんね。本当に何か生き物が暮らしているのでしょうか？干潟に目を近づけて眺めてみましょう。

| 図1-2 | 場所によって表面の色やようすが違います。表面がなめらかなところと、少し盛り上がりが目立つところがあります。なぜでしょう。ところどころに黒っぽい砂の山もあります。色がちがうのはなぜでしょう。 |

「干潟の表面は色が違ったり、でこぼこしたりしているんだ（図1-2）」
「干潟の上にも木が生えているよ（図1-3）。ここは海だよね。どうして木が生えているんだろう？」
「あの木の根元はタコの足みたいだね（図1-4）」
「そこに生えている木を見てごらん。潮が満ちてきても緑色の葉っぱは水にはつからないんだよ」とお父さんがちょっとだけ解説をしています。

図1-3
干潟の上に木が生えています。

5

図1-4
タコの足のような奇妙な形をした木も見つけました。

根っこのところがタコみたいだね！

「潮(しお)が満ちてくると魚もこの近くまでやってくるの？」
「じゃあ干潟(ひがた)で暮(く)らしている生き物たちは水の中でも、空気の中でも生きていかなければならないんだ」

「大変。どうしてそんなことができるの？」
　お父さんとお母さんは子供(こども)たちの疑問(ぎもん)に答えなければなりません。
「よし、干潟を歩きながら説明しよう。水があるところまでいくぞ。きっといろいろな生き物に出会うはずだ！」
「向こうの水があるところまでのきょりは、巻尺(まきじゃく)がないと調べることができないね」とユウ君が心配しています。
　お母さんが面白いことを言いだしました。
「ユウ君は水があるところまで何歩で歩くかな？」
「？？？」
　ユウ君は不思議そうな顔でお母さんを見つめています。
「帰りは数えながら歩いてみよう！」
　さあ、いよいよ干潟の上の散歩が始まります。どんな面白いことが見つかるでしょう。

2 シオマネキのダンス

大きなハサミを使ってダンス！ダンス！

皆、すぐに立ち止まりました。たくさんのカニを見つけたからです（図2－1）。でも子供たちが近づくと姿が消えてしまいます。
「いっぱいカニがいるんだけど、ユキが近づくといなくなっちゃうよ」
「穴の中に入るんだ」とシン君が言います。
お父さんは小さなイスを用意してきました。
「これに座ってじっと待っていてごらん」
ユキちゃんが座ってじっと穴の近くを見ています。ほかの子供たちは少しはなれたところを歩きはじめました。5分ほど過ぎたころ
「カニが出てきた！」とユキちゃんが大声を出しました。

図2－1　干潟で活動している無数のオキナワハクセンシオマネキ。

片方のハサミがとっても大きいよ！
大きなハサミをふり上げて
ダンスをはじめたよ！

■ 入る穴は決まっている

「あ、大きなハサミをもっていないカニもいる！」
「ユキが動いたら全部穴の中に入っちゃった。入る穴が決まっているみたい（図2－2）」
　他の子供たちも交代でイスにすわって観察します。
「そう、入る穴が決まっているということは、その穴がカニの家だということだね。これからは巣穴と呼ぼう」
　お父さんとお母さんの解説が始まりました。

図2－2
それぞれのカニは巣穴を持っています。

8

「このカニはシオマネキの仲間で、オキナワハクセンシオマネキという名前だよ」
「シオマネキの仲間はオスの片方のハサミが大きいんだ」
「右のハサミが大きいカニと、左のハサミが大きいカニがいる」
　子供たちの観察力はなかなかのものです。

アーマン博士の解説★
大きなハサミの使い道

　　　　オスのハサミは他の目的にも使われます。それぞれのカニは自分の巣穴を持っています。巣穴の近くでハサミをふっているところへ、別のオスが近づいてくると、そのオスとケンカが始まります（図2−3）。大きなハサミでおし合ったり、時にははさみあったりして戦います。10〜20センチメートルくらい投げ飛ばすこともあります。つまり大きなハサミはケンカの道具でもあるのです。

　シオマネキの仲間はハサミで簡単にオスとメスの区別ができます（図2−4）。ほかのカニはどうでしょうか。干潟にはシオマネキ以外のカニもいますから観察してみましょう。

図2−3
大きなハサミでケンカをしているオキナワハクセンシオマネキ

図2−4
ベニシオマネキのオス（右）とメス（左）

「シオマネキと言う名前がついているということは、オスはハサミをふって潮をよんでいるんだろうね。潮は海の水のことだからね」とお母さんが言います。
「潮が引いて水がある場所が遠くなってしまったから困っているのかな」
ユウ君は不思議そうです。
「名前はそのとおりだけど、実際はちがうようだよ。じっと見ていてごらん」

図2-5　オサガニの仲間

お父さんもカニたちの動きを見つめています。

シオマネキの仲間のオスは大きなハサミをふって、メスを呼び寄せていることが知られています。子供を作るためのパートナーを見つけようとしているのです。大きなハサミをふっているオスを、じっと観察してみましょう。メスが近寄ってくると、ハサミのふり方が激しくなります。メスを呼んでいるようです。ユウ君が急にさけびます。
「あっ、オスが巣穴に入っていくよ！」

続いてメスが巣穴に入ろうとしています。これはオスのプロポーズをメスが受け入れたのです。でもメスがこのように巣穴に入っていくことを観察できるのはまれです。ねばり強く観察を続けましょう。

オサガニの仲間を見つけました（図2-5）。
「おなかのほうを見てごらん」とお母さんが言いました。
やさしくひっくり返して比べてみましょう。

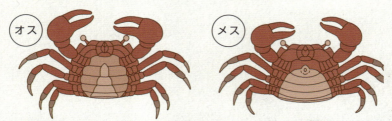

図2-6　カニの仲間のオスとメスの区別。大部分のカニは腹側を見ると、その形で区別できます。

くらべるとよくわかるね！

腹側を見るとオスとメスのちがいが分かります。メスはたくさんの卵を抱えるための大きな「ふた」があります（図2-6）。卵や赤ちゃんをいっぱい抱えているメスを見つけるかもしれません。

アーマン博士の解説★

シオマネキの巣穴の形を調べてみよう

石こうを使ってシオマネキの巣穴の形を調べてみましょう。

❶ペットボトルを半分に切った容器に水を入れて、そこへ石こうの粉を少しずつ入れてかき混ぜます。

❷割りばしを使ってカニの巣穴に流し込みます。あまりドロっとした濃い石こうの液を作ると流し込む前にかたまってしまい、うまくいきません。逆に水のような薄い液を作るとなかなか固まりません。何度か挑戦してどの程度がよいか覚えましょう。

❸巣穴に石こうを流し込んだ後、2〜3時間すると石こうが固まり、巣穴の形をした石こうのかたまりを掘り出すことができます。石こうが固まったらスコップで丁寧に掘り出すとシオマネキの巣穴の形が現れます。

実際の大きさ

巣穴の内部のどこかに太い部分がありますね。ここで方向を変えているのかもしれません。

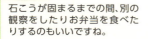

石こうが固まるまでの間、別の観察をしたりお弁当を食べたりするのもいいですね。

3 シオマネキの仲間たち

体の特徴はさまざま

シン君が何か見つけたようです。
「お父さん、お母さん、ここに真っ赤なカニがいるよ。大きなハサミを持っているからシオマネキの仲間かな？」

図3-1　甲羅と大きなハサミが赤いベニシオマネキ。

ベニシオマネキです（図3-1）。
前のページの写真のような体全体が赤いベニシオマネキは少ないようです。ハサミだけが赤いもの、甲羅だけが赤いもの、などさまざまです。まわりを見渡してみると、ベニシオマネキがいる場所にオキナワハクセンシオマネキの姿はあまり見当たりません。

「きれいな青いシオマネキがいる」と、ユキちゃんが見つけました。甲羅が青く、オスの大きなハサミはオレンジ色に輝いています。ルリマダラシオマネキです（図3-2）。とてもきれいですが、数は多くないようです。
近くに水が流れています。水際にはヒメシオマネキが集まっています。大きなハサミの下の部分が明るいオレンジ色が特徴的です（図3-3）。

図3-2　甲羅や大きなハサミの色が美しいルリマダラシオマネキ。

図3-3　水際で活動しているヒメシオマネキ。

「ヒメシオマネキは群がって水際で動いているね。自分の穴を持っていないのかな？」

「水際からはなれたところでは自分の巣穴を持っているよ。でもその巣穴に住んでいるのは長くても数日らしい」

「どうして家を捨てて別の場所で巣穴をほるの？」

「巣穴がたくさんあったら、地面の下でぶつかり合ったりしないの？」

　子供たちの質問はもっともです。わかりやすく説明するにはどうすればよいでしょう。お父さんたちは考え込んでしまいました。

　これらの疑問はまだ解決されていないようです。一緒に考えてみましょう。地下の巣穴がぶつかり合ってこわれてしまい、別のところで巣穴を作るために移動するのかもしれませんね。

■ シオマネキの暮らしを調べる

　沖縄の干潟にはいろいろなシオマネキが暮らしており、それぞれ好きな場所が決まっているようです。ベニシオマネキが最も高いところで暮らしています。そこには小さな石ころも結構あります。陸上植物のシバが生えていることもあります。

　オキナワハクセンシオマネキは、ベニシオマネキよりも低いところに多いようです。沖縄の干潟にもっともたくさん住んでいるシオマネキの仲間です。

　ヒメシオマネキはもっと低いところが好きなようです。干潟は平たんなように見えますが、シオマネキの仲間はわずかな高さのちがいを区別して暮らしています。このほか、シモフリシオマネキ、リュウキュウシオマネキ、ヤエヤマシオマネキなどを見つけることができます。

ヒメシオマネキの巣穴を調べる

　ヒメシオマネキの巣穴を1週間の間、その数の変化について調べてみました。1平方メートルの区画内に40個の巣穴がありました。それぞれの巣穴の横につまようじとビニールテープで作った旗を立てておきます。旗には番号が書いてありますよ。次の日には47個の巣穴が見られました（7個増えた）が、実際には19個の新しい巣穴（つまり旗が立っていない巣穴）ができ、12個のカニがいない巣穴（旗だけが残っている）がみつかりました。巣穴は1週間以内に新しいものに入れ替わることがわかりました。

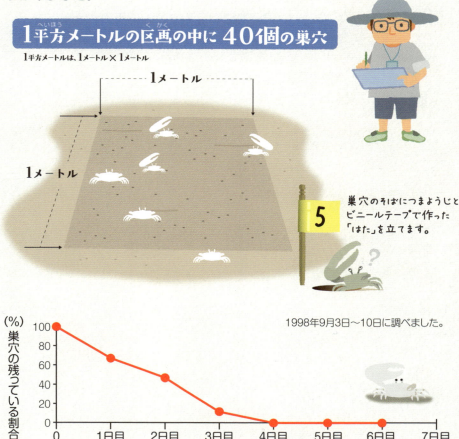

1998年9月3日〜10日に調べました。

4 ときどき家にもどるシオマネキ

■ シオマネキの生活

　ユキちゃんがオキナワハクセンシオマネキを見ながらつぶやいています。
「お父さん。このシオマネキは少し前に巣穴に入っていったの。そしてまた出てきてご飯を食べてる。何のために巣穴に入っていったのかな？」
「巣穴の中にもおやつがあるんじゃない」とシン君が答えます。
「それは面白いね！シン君らしいや」
「マレーシアに出かけたとき、面白い話を聞いたことがあるなぁ」

オキナワハクセンシオマネキの活動のようす

食事　／　巣穴に戻る　／　けんかする　／　歩く
体のそうじ　／　止まる

同じカニが15分間、どんなことをしていたかを記録してみたよ！

9:30　　　　　　　　　　　　　　9:45

朝方
　巣穴から出てきたオキナワハクセンシオマネキは一生けんめい食事をしていました。しばらくすると、食事をしているカニは少なくなり、時々は巣穴にもどるカニを見かけるようになります。

朝は、やっぱりお腹がすいているのかな？

「シオマネキの話？」
「そう！シオマネキの話」
「潮が引いたとき、たくさんのシオマネキの仲間が干潟の表面で動いていたんだけど、みんな時々巣穴にもどるんだそうだ。2～3分経つとまた出てきて食事を始める。ユキが見たのと同じだ」
「どうして巣穴にもどるの、やっぱりおやつが隠してあるの？」
「おやつはないだろうけど、巣穴にもどる理由がちゃ～んとあるんだ」

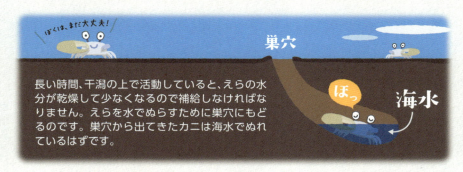

長い時間、干潟の上で活動していると、えらの水分が乾燥して少なくなるので補給しなければなりません。えらを水でぬらすために巣穴にもどるのです。巣穴から出てきたカニは海水でぬれているはずです。

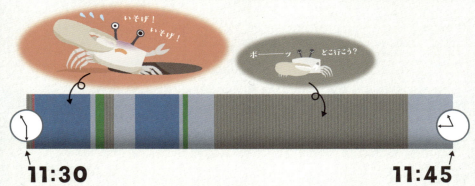

11:30　　　　　　　　　　　　　　11:45

昼前 この観察をした日は晴天でした。きっとお昼に近くなるとえらが乾燥し始めたため、水分を補給するために巣穴にもどらなければならなかったのでしょう。食事は、ほとんどとっていません。

お日さまが強いと、巣穴にもどる回数もふえるみたいだわ

カニの呼吸

「人間は肺で呼吸をしているよね。それじゃぁ、カニの仲間はどこで呼吸していると思う？」

小学生にはちょっと難しい質問です、でもユウ君は知っていました。

「お魚と同じ、えらで呼吸してるんだよ」
「正解！でもえらには水分がついていないと呼吸できないんだ、水の中にある酸素を使って呼吸をしているからね」

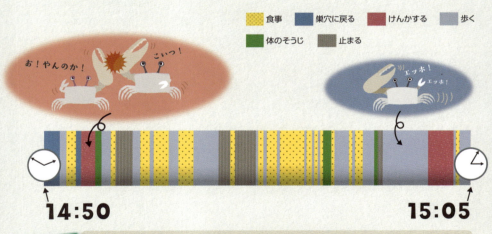

昼後 お昼過ぎには、歩き回ったり、体についた泥をハサミで落としたり、いろいろなことをしている様子が観察できました。2匹のオスがハサミを使ってケンカをしているようすも見られました。

日差しが強くなったり、潮が満ちたり引いたりして環境が変わるとカニの活動も変化するんだね

アーマン博士の解説★
シオマネキの活動時間

潮が満ちてくるころになると干潟の上での活動は終了です。巣穴にもどり、足を使って砂で入り口をふさぎ始めます。次に潮が引いて干潟が出てくるのはいつでしょう。満ち潮の間は出てきませんが、まだ明るいうちに潮が引くときは、再びカニが出てきます。でもその時はあまり多くのカニが出てくることはないようです。次の引き潮の時間が夜の場合、カニは干潟の上に出てきません。暗いときは動きにくいのでしょうか？満月の夜、シオマネキの仲間が夜の引き潮の時に活動しているという報告もあります。でも数は少ないようです。

「今日はとてもたくさんのオキナワハクセンシオマネキを観察できたね。でも11月ごろになると数が減ってしまうよ。寒いときには出てこない。3月ごろまで待たなければならないな」
「冬は何をしているんだろう」
「暖かいところが好きなんだ」
「最近、とても暑いけど大丈夫なのかな」
　子供たちはいろいろ話し合っています。いつかこれらの質問にこたえることが出来る日が来るといいですね。

調べてみよう　どちらのハサミが大きい？

皆さんは、オキナワハクセンシオマネキ、ヒメシオマネキ、ベニシオマネキを区別することができるようになりましたね。それぞれのシオマネキのオスは右のハサミが大きいでしょうか、それとも左でしょうか？

ヒント：P.7～P.9やP.13の写真を参考にしてみましょう。

⑤ ところ変われば

■ 世界のシオマネキの暮らし

「外国には夜に活動するシオマネキがいるらしいよ」
「北アメリカのテキサスから温帯地方に *Uca pugilator*（ウカ ピュギレイタ）という有名なシオマネキの一種がいるんだけど、このカニは夜も活動するらしい。南米のブラジルでも昼間も夜も活動するカニがいるって話を聞いたことがあるよ」
「どうして沖縄とちがうのかな？」子供たちは不思議そうです。
「沖縄の夜、干潟の上に出てくると困ることがあるのかなぁ？」
「アメリカやブラジルでは困らないの？」
　実は、お父さんもまだまだ勉強中で、詳しいことは知らないようです。

「タヒチ島を知っているかい。日本から約9500キロメートルも離れた太平洋の真ん中に、フランス領ポリネシアというフランスの領土の島々がある。タヒチはその中の一番大きな島の名前だ」
「そのタヒチで面白いことを見つけたんだ」とお父さんが話を続けます。
　お父さんがタヒチ島の隣にあるモーレア島の干潟を歩いていたとき、沖縄の干潟とは何かようすがちがうと感じました。潮が引いた干潟でシオマネキがたくさん動いていましたが、沖縄とちがって赤い色のシオマネキがたくさん動いていたのです。ベニシオマネキです。

　沖縄では、ベニシオマネキは、ほかのシオマネキの仲間よりちょっと高いところで暮らしているのですが、モーレア島の干潟では、白っぽいシオマネキではなく、赤いシオマネキがいっぱい動いていたのでびっくりしたのです。
　タヒチで見られる赤い色のシオマネキは沖縄にいるベニシオマネキと同じ種かどうかわかりませんでしたが、沖縄に戻ってから専門家に見てもらって同じ種であることがわかりました。

「もし、オキナワハクセンシオマネキがいなければ、ベニシオマネキが干潟の広い範囲で暮らすことが出来るようになると思わないかい」
「ベニシオマネキはオキナワハクセンシオマネキがいることで、高い所でひっそりと暮らすことになったんだ」
「オキナワハクセンシオマネキの方がケンカに強いということ？」
「直接ケンカをするようすは、なかなか観察できないけどね。多分そういうことだろうね」

アーマン博士の解説★ 同じ場所で暮らせない

同じような場所で暮らしたいと思っている複数の生き物は、同じ場所で暮らすことが出来ないという有名な法則があります。強い種が弱い種を別の場所に追いやってしまうのです。これは高等学校で勉強します。

「お父さんは台湾の干潟も見てきたんだよね」とユウ君が質問します。
「そう、台湾の干潟でもちょっと面白いものを見たよ」と思い出したようにお父さんが話を続けます。
「台湾の西側の海岸には広い干潟があるよ。そこに行ったとき、白い色のシオマネキがいっぱい大きなハサミをふっていたのを見たよ」
「オキナワハクセンシオマネキ？」
「似ているけどちがうんだ。台湾の干潟でたくさん暮らしていたのはハクセンシオマネキだ」
「えっ、やっぱりハクセンシオマネキ？」
「うん、名前が似ているから厄介だね。親戚なのに別の種だ。ハクセンシオマネキは沖縄にはいないけど、九州の有明海には多いんだ」

有明海：熊本県や佐賀県、長崎県に囲まれた海です。

有明海

図5－1 ハクセンシオマネキと
オキナワハクセンシオマネキの分布

黒潮（青い線）が流れている東側の島にある干潟には
オキナワハクセンシオマネキが、西側にある干潟には
ハクセンシオマネキがたくさんいます。黒潮がこれら
を分けているのでしょうか？

黒潮

ハクセンシオマネキ
Uca lactea

奄美大島
徳之島
沖永良部島
沖縄
久米島
宮古島
与那国島 石垣島
西表島

台湾

台湾の干潟には、数は少ないの
ですがオキナワハクセンシオマ
ネキも暮らしています。もっと
調べる必要がありますね

オキナワハクセンシオマネキ
Uca perplexa

「つまりハクセンシオマネキは有明海と台湾の
間にある沖縄にはいないということだ（図5－1）」
「どうしてだろう？」子供たちが聞き返しています。
「今、お父さんの友だちが調べているよ。答えが見つかっ
たら教えてもらおう」

場所がちがうから
不思議じゃないわ

いろいろな場所に出かけると面白いことが見つかるものです。お父さ
んたちは子供たちを色々なところへ連れて行ってやりたいと考えている
ようです。

6 シオマネキの食事

🟩 小さいハサミはスプーンになる！

　じっと見ているとシオマネキの仲間は、小さいハサミをせっせと動かしていることがわかります。食事をしているのです。ユウ君たちが何か言いたげにしていますよ。次々にお父さんたちに質問します。

「干潟の上から何かをすくっているように見えるね。小さいハサミはまるでスプーンみたい。でも何を食べているのかなぁ？おいしそうなものなんてないじゃない」

「オスは小さいハサミは1本しか持ってないよ。大きいハサミは食事に使わないんだね」

「メスは2本の小さいハサミで食事しているよ。オスよりたくさん食べるのかなぁ」

　9ページのベニシオマネキや、31・32ページの写真を見ると、オスとメスの食事のようすのちがいがわかります。でも小学生の子供たちが抱いた疑問について、わかりやすく答えることは簡単ではありません。お父さんとお母さんはがんばって説明しようとしています。

「そうだね、干潟の上には何もないように見えるね。砂ばっかりだね」
「でもね、砂つぶの表面や砂つぶと砂つぶの間には隙間があって、ごちそうがいっぱいつまっているよ。シオマネキの仲間は、そこにある干潟に流れ着いた植物の葉がとても細かくなったもの、動物が死んで腐ってしまい、細かくなったもの、それらといっしょに暮らしているバクテリアというとても小さな生き物を食べているんだ」

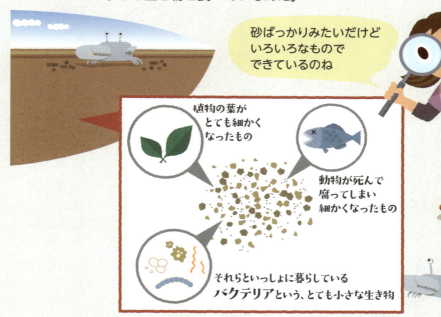

砂ばっかりみたいだけどいろいろなものでできているのね

「確かにスプーンが1本だけより、2本あったほうがたくさん食べられるはずだ。オスとメスのちがいを調べるのは、やさしくなさそうだけど調べた人もいるよ」

アーマン博士の解説★
シオマネキの仲間のオスとメスの食事

オキナワハクセンシオマネキの巣穴の周りに小さな砂のかたまり（砂団子と呼んでいます）が無数にあります。これは糞ではありません。シオマネキの仲間は、小さいハサミで干潟の表面からすくったものの中から、本当に食べる（胃の中に入れる）ものと食べないものを口の中で選別します。そして胃の中には運ばないものを、口の中で丸めて干潟の上にはき出すのです。これが砂団子です（図6-1）。

シオマネキがはき出した砂団子

じっと見ていると小さなハサミを口に運ぶ回数を数えることができます。オスとメスではこの回数がちがうでしょうか？メスは小さいハサミを2本持っていますので、全体としてはメスのほうが砂や泥を口に運ぶ回数は多くなりますね。

オスとメスが作った砂団子の数を数えると、口の中に入れた泥の量を比べることができるかもしれません。同じ大きさのオスとメスで比べてみると、砂団子の数はオスのほうが多いという調査結果があります。これはハサミの形によるものかもしれません。数だけではなく重さをはかることも大切ですね。小さいハサミはオスのほうが幅が広いようなので、メスよりも多くの砂や泥をすくい上げることができるのでしょう。

これらの調査結果から、オスとメスが食べる食物の量は同じくらいではないかと考えられています。

干潟は素晴らしいレストラン

「干潟で暮らす動物の食事の方法を考えよう」お父さんが言っています。
　干潟で暮らしている動物たちはどのように食事をしているのでしょうか？お父さんが他の動物についてもお話ししてくれるようですよ。
「シオマネキ類のように干潟の上にある細かい有機物などの粒子（堆積物と言います）を食べる仲間たちは「堆積物食者」と呼ばれているよ」
「少し水がたまっているところで、じっと干潟の表面を見ているとゴカイの仲間が顔を出して食事を始めるかもしれない。これも堆積物食者だ」
「干潟の上には美味しそうな食べ物がないように見えるけど、カニさんたちにとっては素晴らしいレストランなんだ」
　ユウ君たちもだんだんわかってきたようです。
「別の暮らし方をしている動物がいる。満ち潮の時、海水の中にいるプランクトンや、浮かんでいる細かい有機物（懸濁物と言います）を食べている動物たちは「懸濁物食者」だ。(図6－2)」

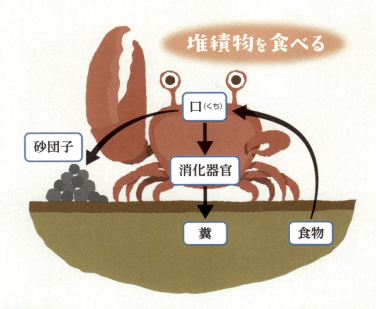

図6－1　シオマネキの仲間が食事をする様子（アーマン博士の解説参照）。

27

「スーパーマーケットで見るアサリと同じね」
とお母さんが思い出しました。

図6-2

水に浮かんでいるプランクトンや懸濁物を食べる貝たち。培養した単細胞藻類（とても小さな植物）をビーカーに入れ、その中にイボウミニナ（中）とオキシジミ（右）を入れて放置しておきました。1時間後、貝を入れたビーカーの水がすきとおってきました。貝たちが水に浮かんでいた藻類をこしとって食べたのです。その結果、水が透明になります。

アサリが細長い管を2本出しているのを見たことがありませんか。1本は水をすい込むためのもの、もう1本は水や糞をはき出すためのものです。貝は干潟にうまっていますが、管の先を水中に出して、食事をしたり、糞をはき出したりしているのです。

アサリは沖縄の干潟では見られないかもしれませんが、同じような暮らしをしている二枚貝はたくさんいますので探してみてください。

うんち用

食事用

アラヌノメガイ

リュウキュウアサリ

他にもいるよ
二枚貝の仲間

リュウキュウザルガイ

リュウキュウシラトリガイ

7 シオマネキが「えんとつ」を作る

■ 泥でつくられた干潟のえんとつ

　生き物の名前は時々わかりにくくなります。シオマネキの仲間にも奇妙（？）なことがあります。今までにオキナワハクセンシオマネキ、ベニシオマネキ、ヒメシオマネキの観察をしました。これらは「○○シオマネキ」という名前でしたね。でも単に「シオマネキ」という名前の種もいるのです。「シオマネキ」という言葉を使う場合、この特定の種のことを言っているのか、それとも「シオマネキの仲間」という意味で使っているのか注意する必要があります。

　ここではシオマネキという種のお話をします。沖縄で見かけることはめずらしいですが、ほかのシオマネキの仲間とはちょっとちがった活動をすることが知られているので、お父さんはお話をしてみようと思いました。みんな目をかがやかせて聞いています。

図7-1 えんとつを作るシオマネキ。右はえんとつを建設中のシオマネキのオス。

「シオマネキはどんな暮らしをしているの？」とユウ君が聞きます。
「巣穴のまわりにえんとつをつくるんだよ」
「えっ‥‥‥？」
　子供たちはお父さんが何を言っているのかわかりません。
「えんとつからサンタクロースが入って来るんだね」と、シン君がむじゃきに反応します。
「お父さんが台湾の干潟でシオマネキの観察をしていた時のことだ」と話を続けます。
「干潟に泥でつくられた丸くて短いつつがたくさんあった。家に帰ってから写真を見せてあげよう」

図7-2 シオマネキによって干潟の上に作られたえんとつ。

31

「何のためにえんとつを作るのか、はっきりとはわかっていないようだけど、他のカニが入ってこないようにしていると考えている人がいる」
「メスが入っていけないと困るじゃない？」
ユキちゃんがするどい質問をします。

図7-3 シオマネキのメス。2本の小さなハサミで食事をしようとしています。

「メスもえんとつを作るの？」
　お父さんは困っています。もう一度台湾の干潟に出かける必要がありますね。
　シオマネキの仲間がえんとつを作ることに関して、詳しく調べた研究がありますのでこっそり教えてあげましょう。

えんとつをつくるその理由

　シオマネキはオスもメスもえんとつを作るようです。もっと高いえんとつを作るタイワンシオマネキはオスだけが作ると言われています。これはメスが交尾のためにオスの巣穴に入った後、ほかのカニが入ってくることを防ぐためである、と説明されています。

　他のカニが近くによって来ることを防ぐために、巣穴の近くに砂や泥でていぼうをつくるカニは他にもいます。温帯地方の干潟で暮らしているチゴガニがていぼうを作ってほかのカニが入ってくることを防ぐ様子をお父さんの友達が学会で報告したことがあります。その友達は泥のていぼうをバリケードと名づけていました。

アーマン博士の解説★
いろいろな動物のなわばり

なわばりという言葉をよく耳にしますね。動物がほかの個体を追いはらい、「ここは自分の場所だから出ていけ」と宣言しているような場所のことです。多くの動物がなわばりをもっています。なわばりをもつことによって自分の生活の場所や食物を守っています。

シオマネキの仲間は巣穴の周りがなわばりです。なわばりの中にほかのカニが入ってこないように工夫したり、入ってきたときには追い出そうとしたりしてケンカをするようすをお話しましたね。

みなさんはほかにどんな動物のなわばりを知っているでしょうか？サンゴしょうで泳いでいるときクマノミが向かってきたことはありませんか？クマノミの仲間はイソギンチャクをすみかにしていますが、ほかの魚が近づいて来たり、人間が観察のために近寄ったりすると攻撃をしかけてきます。これは人間がクマノミのなわばりに入ってしまったからです。

鳥の仲間にもなわばりをもっているものがあります。家の近くでイソヒヨドリが追いかけっこをしているのを見たことがないでしょうか。イソヒヨドリはどこまでも追いかけていくわけではなく、やがてもどってくるはずです。それでなわばりの広さがわかります。

このほか、私たちの身の回りには、ネコ、トンボ、トカゲなど、なわばりを持っている動物がたくさん暮らしています。

8 干潟をたがやす

■ みんなにとってよい環境

　えんとつもバリケードも干潟の砂や泥で作られます。巣穴もカニ自身が掘ったものです。これは生き物が住んでいる場所をかき回していることになりますね。ちょっと難しい言葉ですが、生物攪拌と言います。最近、このような活動をする生物を「エコシステム・エンジニア」と呼ぶこともあります。

　エコシステムとは生態系のことです。最近、この言葉はニュースなどでもよく耳にしますね。詳しいことは中学校や高等学校で勉強しますから、ここでは「あるまとまった自然」とでも言っておきましょう。森の生態系、サンゴ礁生態系という使い方をしますので、どんなものか想像してみて下さい。「エンジニア」は一般的には技術者ですが、ここでは「建築家」と言いましょう。つまり「エコシステム・エンジニア」とは自然の特徴を変えてしまうような活動をする生き物のことです。

図8−1　1平方メートルの範囲で暮らしているヒメシオマネキの巣穴。大小さまざまな大きさの巣穴が作られています。

■ 干潟をたがやして空気もきれい

　お父さんがちょっと難しいことを言い出しました。
「シオマネキの仲間が毎日巣穴をほったり、巣穴を修理したりしていると、地下から砂や泥が干潟の上に運び出されていることになるね」
「つまりシオマネキの仲間が干潟をたがやしているということ？」と、お母さんが説明を付け加えます。
「それは大切なことなの？」と、子供たちは不思議そうです。
「うん、巣穴の中の空気が新しい空気と入れ替わることで、その中に住んでいるとても小さな生き物にとってもすみやすい環境になるんだ」
　子供たちにはよくわかりませんが、それでも「シオマネキは他の生き物にとってもよい環境を作っているのかな」と、なんとなくわかったような気になった気分です。

35

ヒメシオマネキが干潟の砂をほり起こしている量を調べた学生さんがいました。1平方メートルに40匹のヒメシオマネキが暮らしている干潟がある場合（図8－1）、そこでは1日に大きなペットボトル（1リットル）に入るくらいの砂が、堀り起こされているという結果になったそうです。

スナモグリの砂の山

　甲殻類（エビやカニの仲間）のスナモグリの仲間は潮が満ちているときに地中から砂を表面に出し、山を作ります。少し離れた場所でこの山を見つけました（図8－2）。
「白い砂でできた山がたくさんある。あれは何だろう？」シン君がお父さんに聞いています。
「ここには短い海草（57ページ参照）がたくさん生えているけど、山の上にはないわね」

図8－2　スナモグリの仲間が作った砂の山。

ユキちゃんの観察力は素晴らしいですね。
「これもエコシステム・エンジニアだ。地下にはスナモグリというエビに似た仲間がすんでいて、砂を吹きだしているんだ」
「満ち潮の時、水中で見ていると火山が噴火しているように見えるよ」
「面白そう！」

たくさんの山が作られている様子を見ると、干潟の砂が常にかきまぜられていることがわかります。この活動のせいで山の上では海草は暮らしにくいようです。砂の山が好きな生き物がいるかもしれませんね。

アーマン博士の解説★
ダーウィンとミミズ

干潟の生き物の話ではありませんが、ミミズの話をしましょう。進化論（生き物は長い時間をかけて変化してきたという説）で有名なダーウィンはミミズの研究をしたことでも知られています。

ミミズは逆立ちをして暮らしていることを知っていますか？地下で土を食べ、消化されなかったものを地表に排泄するのです。学校や公園のしばふに土の塊があるのを見たことがあるでしょう。あれはミミズの糞です。つまり、ミミズは地下からベルトコンベアのように土を表面に運んでいるのです。

ダーウィンは畑の土がミミズによってどれくらいたがやされているか計算しました。その結果、とてもたくさんの土がミミズによって、地下から畑の表面に運ばれていることを知ったので、畑の土の上にあった石がいつの間にかミミズの糞で埋まってしまい、地下に隠れてしまうだろうと考えました。それだけではなく古代の建物が地下で見つかるのは、ミミズの活動のせいではないかとも考えているようです。

公園などでみかけるミミズの糞

チャールズ・ロバート・ダーウィン
(1809年～1882年)
イギリスの自然科学者、地質学者、生物学者。

⑨ カニが大集団で歩く

図9-1 ミナミコメツキガニの大集団。

■ 何かが動いている！

干潟には水が流れているところがあります。澪筋といいます。その近くに黒っぽい塊が見えることがあります。じっと見ているとその塊は動いていることがわかるでしょう（図9-1）。

「あそこで何かが動いている！」とシン君が見つけました。
「あっちにもある！」とユウ君やユキちゃんも見つけました。
「あれはミナミコメツキガニの集団だ。近くに行ってみよう」
子供たちが走ってその集団に近づいていきます。

「あれっ。いなくなっちゃった」
「だいじょうぶ。少し待っててごらん。カニが砂の中から出てくるよ」とお母さんが説明します。
「ほんとうだ。出てきた！」ユキちゃんが大声で報告します。
「とてもたくさんいるよ。数えきれない。何匹いるんだろう？」とユウ君がびっくりしています。

住む場所が違っても砂団子は作ります

ミナミコメツキガニの仲間には興味ある話題が多いようです。最近、沖縄の干潟に生息しているミナミコメツキガニは、台湾の干潟で暮らしている仲間とは別種であることがわかりました（図9－2、9－3）。台湾産の個体には足の根元にはっきりした赤いところがありますが、沖縄産の仲間にはないのです。その他にも多くの違いが見つかったため、両者は別の種であることがわかったのです。暮らしぶりに違いはないように見えます。

図9－2　沖縄のミナミコメツキガニ

図9－3
台湾のミナミコメツキガニ の仲間。
足の根元に赤いところがあります。

台湾でも先ほど観察したような動きが観察できました。地下で食事をすることもあるのですが、その時、トンネル状の砂団子の細長い塊を作る（図9－4）のも同じです。

図9－4
ミナミコメツキガニが地下で食物を食べた後はトンネル状の砂団子の塊ができます。

■ イグルーを作るカニ

図9－5　タイの干潟に生息しているミナミコメツキガニの仲間。イグルーと呼ばれるエスキモーの氷の家に似た面白い形を作ります。

　タイの干潟にはミナミコメツキガニと同じように群れをつくって動き回っているカニ［学名：*Dotilla myctiroides*（ドティラ ミクチロイデス）］がいます（図9－5）。このカニはミナミコメツキガニと同様に英語ではソルジャークラブ（軍隊ガニ）と呼ばれていますが、分類学的には少し異なります。その面白さは干潟の砂や泥でイグルーと呼ばれる建物を作ることです。このカニが作るイグルーは生活に必要な空気を得るための部屋ではないかと考えている研究者たちがいます。

イグルーとはエスキモーが作るおわんをふせたような形の氷の家です。なぜこのような建物を作るのでしょうか。

⑩ 干潟の上に茶わん？

砂でできたふしぎな形

干潟の上に奇妙なものがあります。シン君が目ざとく見つけました。
「砂でできた茶わんがある!!」

図10-1 スナジャワン。

確かに茶わんのような形をしています（図10-1）。
「これはタマガイという巻貝の仲間が産みつけた卵の塊で、スナジャワンというんだ」と、お父さんがタマガイ類の貝がらを見つけ（図10-2）、手のひらにのせながら解説してくれます。

「スナジャワンを切ってみると小さい部屋がたくさんあって、中に貝の赤ちゃんを見つけることがあるよ」
「生まれた赤ちゃんは干潟の上で暮らし始めるの？ それともプランクトンのように泳いで暮らすの？」とユウ君は専門的な質問をしています。

図10-2 スナジャワンを作るタマガイの仲間。これはホウシュノタマガイ。

器用な貝だね

お父さんとお母さんは、いつの間にか生き物のことをくわしく勉強しているユウ君に感心しながら会話を続けます。
「なかなか面白いことを知っているね。多くの貝は赤ちゃんの時代は幼生という小さくて、親とはだいぶちがう姿で、水にうかんで暮らしているよ。でもスナジャワンから出てきた赤ちゃんは、もう親とよく似た巻貝の姿をしていて、干潟の上で暮らし始めるんだ」

　ユキちゃんが何か言っています。
「お母さん、穴が開いている貝が落ちているよ（図10−3）」
「これはタマガイの仲間が二枚貝を食べたあとだよ」
　タマガイの仲間は細長い口を持っています。二枚貝に近づいて、口の先にあるやすりのようなものを貝をけずり、穴をあけるのです。穴が開くと、その中に口をさしこんで、貝のやわらかい部分を食べてしまいます。

図10−3　タマガイの仲間に食べられた二枚貝。貝殻に穴が開いています。

アーマン博士の解説★
暮らしている環境はそれぞれ違う

　なぜ生き物の中には、卵から成長したとき、プランクトンになって海の中で過ごすものと、すぐに親と似た形になって干潟の上で暮らし始めるものがいるのでしょう。
　これについては昔からいろいろな研究が行われてきました。プランクトンとして過ごしていると、海流に乗って遠くまで運ばれることができ、子孫が暮らせる場所を広げることができます。それに対して、すぐに親と同じ場所で暮らし始める場合は、遠くまで行くことはできませんが、プランクトンとして暮らすよりも敵に食べられにくいかもしれないので、多くの仲間が生き残ると考えられます。生き物が暮らしている環境はそれぞれ違いますから、その環境の中でどのように多くの子孫を残すことができるかということが関係しているかもしれません。

11 赤瓦にそっくり：カワラガイ

■ 赤瓦にそっくり

　沖縄の伝統的な家の屋根には、赤い瓦が白い漆喰で止められています。漆喰とはサンゴのかけらを焼いたあと、細かくつぶしてワラを混ぜたものに水を加え、粘り気をつくって接着剤にしたもので、瓦やレンガをつなぐときに使います。

　干潟にはこの赤瓦の屋根にそっくりなカワラガイという二枚貝がいます（図11-1）。赤と白のコントラストがきれいな貝ですが、ギザギザした部分が干潟の表面に出ていますから踏みつけてケガをしないよう、注意しましょう。

図11-1
沖縄の赤瓦にそっくりな模様を持つカワラガイ。

あい！
そっくりさぁ～

43

■ 貝の中にカニ？

　お父さんが面白いことを言っています。
「この貝の中にカニがすんでいるのを見つけたことがあるよ」
「えっ、貝の中にカニ？」
　みんなびっくりしています。
「1 センチメートルぐらいだったかな。白っぽいカニだったよ」

アーマン博士の解説★
寄生するカニ

　　　　お味噌汁に入っているハマグリの中から、カニが出てきたことはありませんか？おそらくオオシロピンノというカニです。赤ちゃんの時は水中でプランクトン生活をしているのですが、いつの間にかハマグリの貝がらの中に入りこんで暮らし始めます。どのハマグリにも入っているわけではありません。もしみつけたら「何を食べて暮らしているのだろう」など疑問を出して、家族で話し合ってみてください。アサリやカキにも入っていることがありますが、同じ種かどうかわかりません。カワラガイの中にいたカニの正体も不明です。お父さんは標本をなくしてしまったので調べようがありません。
　このカニは二枚貝の貝がらの中で子供を作るための活動をしているようです。貝の中で見つかるのはメスです。メスは二枚貝のえらなどについた食物をもらって(奪って？)生活していると言われています。寄生していることになります。一方、オスはずっと小さく、貝の外と中を行き来していると言われています。

図11-2 ナガウニに寄生している巻貝。

「貝やヒトデに寄生して暮らしている小さな動物はほかにもいる」
　みんなびっくりしています。
「でも干潟にはあまりいないかな。サンゴしょうで暮らしているオニヒトデには小さなエビが取りついているし、ナガウニには小さな巻貝が寄生しているのを見たことがある（図11-2）」
「ウニの仲間にウロコムシというゴカイの仲間がへばりついていたこともあったな」
　何とも不思議な生き物と生き物の関わりですね。ユウ君たちはますます生き物の観察が好きになってきました。

オニヒトデ

12 干潟で暮らす仲間たち

■ 小さな巻貝のお話

干潟を歩いているといろいろな生き物に出会うことができます。ここでは小さな巻貝のお話から始めましょう。もっともふつうに見られる巻貝はイボウミニナです。似たような形をした巻貝が何種類もいます。沖縄ではこれらをまとめてチンボーラと呼んでおり、「とがっているのでけがをしないように注意しなさい」と民謡に歌われています。

うみぬちんぼーらーぐゎー たてぃば ふぃさぬ さらさち あぶなさやー さかながい

「お父さんが台湾へ出張したとき、魚市場で売られているイボウミニナを見たよ（図12−1）」
「沖縄でも食べるの？」
「見たことないね」とお母さん。
「台湾では「焼酒螺（サオジョウロウ）」という言い方で売られていた。トウガラシと一緒に酒で蒸したものだそうだ」
「辛いの？」
「うん。先っぽのとがったところが切ってあって、そこからチューチューと吸うんだ。辛いけどビールのおつまみにぴったりだ」

お父さんはひとりで満足そうにしています。

図12−1
台湾の市場で見つけたイボウミニナ。トウガラシと一緒に料理されたようで、いかにも辛そうですね。

46

■ その他の干潟の仲間たち

　お父さんが干潟を指さしました。
「これをみてごらん」
　干潟の上には何かが這ったような跡があります。巻貝が歩いた跡でしょうか。干潟の表面はでこぼこしています。色が変わっているところもあり、ちょっと黒っぽい砂があります。
「これらは動物がここで生活している証拠だ。何がいると思う？」
「掘ってみようか」とお母さんがスコップを取り出しました。
「生き物を傷つけないように注意して掘ろうね」
　干潟を掘ると赤いひものようなものが出てきます。
「これがゴカイのなかま」
　お父さんが教えてくれます。
「アサリみたいな貝がいる」
「これはホソスジイナミガイ（図12-2）。潮干狩りを楽しみながら集めてスープに入れる」
　砂を掘ると表面とは違って黒っぽいところが出てくることに気付きます。
「黒い砂は地下から掘り出されたものだね。誰が掘り出したんだろう」
「カニやエビのなかま、ゴカイのなかまが掘りだすことがあるよ」
「干潟は動物たちによってかき回されているんだね」
　子供たちは納得したようです。

図12-2　味噌汁に入れるホソスジイナミガイ。アラスジケマンガイと間違えることがありますが、赤い斑点があることで見分けることが出来ます。

47

「何か突き刺さっている」
ユキちゃんがハボウキガイの仲間を見つけました（図12-3）。
　お母さんはシン君に注意しています。
「踏みつけると貝を壊してしまうし、シンもけがをするかもしれないから気を付けてね」

図12-3
干潟に突き刺さっているように見える
ハボウキガイの仲間

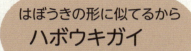

生き物の食事

「深い穴を掘って暮らしている生き物もいるよ。掘り出すのは難しいね」
帰ってから図鑑を見ながら教えてもらうことにしました。
　水際まで歩いて生き物のいろいろな生き方を観察することができたようです。でもユウ君にはわからないことがあります。

「お父さん、こんなにたくさんの生き物がいるのに食べものがないんじゃない？」

そうですね。干潟の表面は砂や泥ばかりで、動物の食べものはないように見えます。でもいろいろなところから食べものが運ばれてくるので心配はありません。

「近くに川があれば陸から食べものが運ばれてくる。お昼を食べたあとにマングローブという植物を観察に行く。マングローブ植物の葉も干潟の生き物にとっては大切な食べものなんだ」

お父さんは干潟の生き物が、陸上など別の場所の生き物と助け合って暮らしていることを説明してくれました。

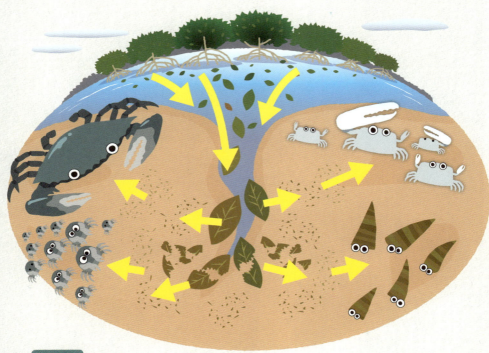

図12－4

干潟の生き物の暮らし。干潟の上ではシオマネキの仲間や、ミナミコメツキガニなどのカニ類や多くの巻貝がすんでいます。小さな動物たちの食物はマングローブなどの植物が作ってくれる有機物です。肉食の大型のカニもいます。これらの多くの生き物はおたがいに関わり合いを持ちながら暮らしています。

13 鳥の食事

■ 大切な干潟の役割

　干潟は渡り鳥が羽を休め、食事をする場所です。沖縄の場合、どこの干潟に出かけても多くの鳥たちを観察できるというわけではありませんが、数羽の鳥たちは必ず見つけることができるはずです（図13－1）。鳥を観察するためには双眼鏡を持っていくと便利です。
「向こうに鳥がいるのが見えるかい、交代で双眼鏡をのぞいてごらん」

図13－1　干潟を歩くサギの仲間。

「わっ。大きな鳥だ！」
「真っ白だけど、くちばしは黄色いね」
「何か食べている」と観察ができるようになってきました。
「鳥の中には渡り鳥と言って、北のほうから南のほうまで長い旅をするものも多い」

「寒いときは暖かい南の干潟で過ごすのかな」
「何千キロメートルも旅をするときは途中で休憩する必要があるね」
「そうだ。羽を休め、食事をしてエネルギーを蓄える。飛行機と一緒だね」
「干潟はいろいろなところにないと鳥が困るんだ」
「この干潟で満腹になった鳥はどこまで飛んでいくことができるの？」
　科学的な質問をしています。

「いいところに気がついたね。いろいろな国が協力し、国際的な取り決めをして渡り鳥を守ることが大切だ」
「ラムサール条約かな」とお母さん。
「うん。ラムサール条約は、国際的に大切な湿地とそこで暮らしている動物や植物を守るための国際的な取り決めだ。正式には、『特に水鳥の生息地として国際的に重要な湿地に関する条約』という」
「長くて覚えられない」と子供たちは不満そう。
「1971年にこの条約が採択されたイランの町の名前をとって『ラムサール条約』と呼ばれるけど、この長い名前で呼ぶ人はほとんどいない」
「やっぱり」と子供たちが納得しています。
　最初は水鳥たちがやってくる場所を守るための取り決めでしたが、今では広く重要な湿地を守る目的に変更されました。沖縄には5か所の登録湿地があります。いくつか紹介しましょう。

ラムサール条約に登録された干潟

名蔵アンパル

石垣島の名蔵川河口周辺のマングローブ林とその前に広がる干潟が登録されています。ここでみられるマングローブ植物には、オヒルギ、ヤエヤマヒルギ、ヒルギモドキ、ヒルギダマシなどがあります。干潟にはゴカイ類や多様なカニ類をはじめとするさまざまな底生生物が生息しており、シギ・チドリ類をはじめ、渡りをする水鳥が羽を休めたり、食事をしたりする大切な場所です。

この地域で歌われている「あんぱるぬみだがーまゆんた」という民謡があります。この民謡は、名蔵アンパルでみられる多くのカニたちを、パーティーをしている人間のように見立てて歌っている「ゆんた（労働歌）」と呼ばれるものです。その歌詞には、主人公である「みだがーま（目高蟹）（ツノメガニ）（図13-2）」の生年祝いに、シオマネキ類、ガザミ類などいろいろなカニたちが集まり、宴会を楽しんでいる様子が描かれています。この民謡に出てくるカニの種類については複数の説があります。

図13-2　ツノメガニ

与那覇湾

宮古島の西部にある湾で、潮が引くと広大な干潟が現れます。干潟の底質は、砂っぽいところから、泥っぽいところまであり、異なった環境に合わせて特徴ある鳥たちが集まってきています。珍しいクロツラヘラサギがやってくると毎年ニュースになります。コウノトリやタンチョウがやってきたこともあると紹介されています。

図13-3　漫湖干潟（左）とメヒルギを中心としたマングローブ林（右）。ここには環境省が設置した漫湖水鳥湿地センターがあります。

那覇市を流れる国場川と、豊見城市を流れる饒波川は河口部で合流します。そこに発達している湖のような場所を漫湖と言います。潮が引くと広い干潟が現れ、メヒルギを中心としたマングローブ林があります。オヒルギやヤエヤマヒルギも見られます。那覇市の中心街から近く、都会の中にある湿地という特徴があります。環境省が「漫湖水鳥・湿地センター」を設置して、漫湖で暮らしている生き物を紹介しています。マングローブ林内を散策できる遊歩道が設置されており、また室内から望遠鏡で干潟やマングローブ林にいる鳥たちを観察することもできます。

このほか沖縄県内では、久米島の渓流・湿地と慶良間諸島海域のサンゴ礁がラムサール条約に登録されています。

55

14 干潟で見られる植物

■ 海草と海藻

　だいぶ干潟を歩いてきて、水たまりが多くなってきました。もう少し行くと水の中を歩くことになります。
　お父さんが説明します。
「植物が多くなったことに気付いているかい。海草と海藻が暮らしているよ」
「えっ、かいそうとかいそう？」

　ユキちゃんとシン君はちんぷんかんぷんです。でもユウ君は覚えていました。
「サンゴしょうでも習ったよ」
「そう、海岸で見つけることができる植物は大きく２つのグループに分けることができるんだ」
「『かいそう』と言われて何を思い出すかな」とお父さんが質問します。
「コンブとワカメ」
「モズク」
「アーサー（図14－1）やウミブドウ」
　などといろいろな答えが返ってきます。

図14－1　左：干潟の上で漁師さんがアーサーの養殖の準備をしています。右：１月ごろ、アーサーが育ち、干潟の上にとてもきれいな緑のじゅうたんがしかれているようになります。

図14-2 イソスギナ。

「アーサーは沖縄の言葉だ。ヒトエグサという日本で共通して使われている言い方（和名と言います）も覚えておこう」
　アオサという海藻もいます。アオサは和名ですがアーサーと似ているのでまぎらわしいですね。この二つは同じ仲間で緑藻というグループの海藻です。
「ウミブドウも有名な海藻だ。姿がブドウに似ているから沖縄ではウミブドウと呼んでいるけど、和名をクビレズタという」
　生き物の名前はいろいろですね。生き物にはそれぞれの地域で使われる呼び名が多くあります。沖縄だけで使う言い方がかなりありますから、両方覚えるのがいいですね。

🟩 ジュゴンが食べるかいそう

「そうだ、ジュゴンも『かいそう』を食べるんじゃなかったっけ」
　ユウ君が思い出したようです。
「そのとおり。ジュゴンが食べるかいそうは『海の草』と書くんだよ。これはコンブやモズクとは別の仲間だ」
　お母さんが続けます。
「海草はイネなどに近い仲間で、コンブやモズクは『海の藻』と書く別のグループなんだよ。花はさかず、ほうしで増えるんだ」
　小学生の3人にはちょっと難しいようですね。でも、このあたりには海藻と海草という2つの仲間が暮らしていることは何となくわかりました。

■ 歩いて測ろう

　ユウ君は帰り道に水際からはまべまで何歩で歩くことができるか数えることにしました。そうでしたね、干潟に来たとき、お母さんが言った言葉を覚えていますか？ユウ君の1歩の幅と、はまべまで歩くために何歩かかるかがわかると、はまべと水際までのおおよそのきょりが計算できることになります。1歩の幅が50センチメートルで、はまべまで1000歩で到着したとすると、きょりは500メートルということになりますね。

☑ メモしておこう！あなたは何センチ？

　このほかにも自分の体のいろいろなところの大きさを計っておくと、自然の観察に便利ですよ。皆さんは自分の身長は覚えていますよね。手の長さや、ゲンコツを作った時の幅を計ったことはありますか。このような数字を覚えていると、植物の高さや、魚の大きさを大まかに知ることができます。

図14-3
水際には海草が茂っています。ウニやナマコ、サンゴを見つけることもあるでしょう。

15 マングローブとは？

図 15 - 1　干潟の向こうにマングローブの林が見えます（木々の左側）。
右の方はモクマオウなどの林です。

■ マングローブってなんだろう？

　はまべの木かげでお母さんが作ってくれたおいしいおにぎりを食べた後、次の観察が始まります。
「干潟(ひがた)のおくに植物がみえるだろう（図 15 - 1）。あれはマングローブだ」
「マングローブって何？」
　子供(こども)たちは顔を見合わせて不思議そうにしています。
「マングローブとはサクラやバラのような特定の植物の名前じゃない。川の水と海の水が混(ま)ざっている河口(かこう)や、湾(わん)の奥(おく)の方に生育していて、満(み)ち潮(しお)になると根元が水につかってしまう植物をまとめてマングローブというんだ」

■ 面白い形のマングローブの根っこ

「代表的なマングローブをいくつか覚えよう」
「タコの足のような根っこが見えるだろう。あれはヤエヤマヒルギというマングローブだ」
「となりに小型の木がある。メヒルギだ。白いかわいい花が咲く（図15−2）。葉の先が丸いことと、木の根元に板のようになっているところがあることを見ておこう」
「このマングローブはオヒルギ。赤い花が咲く（図15−2）。根っこの形が面白い。地下から出てきた根がもう一度地下にもどっているので人のひざのような形をしている」

図15−2　上：メヒルギの花、下：オヒルギの花。

図 15 − 3　マングローブの胎生種子：左：オヒルギ、中：メヒルギ、右：ヤエヤマヒルギ。

■ マングローブの大きな特徴

　子供たちは木にぶら下がっている奇妙なものを見つけました（図 15 − 3）。
「何かぶら下がっているよ」
「これはマングローブの特徴のひとつだ」お父さんが説明しています。
「ふつうは花がしぼんでくると木から落ちるだろう」
「実がなっていることもあるよ。サクランボみたいに。これはマングローブの実なの？」

■ マングローブの発芽

　お父さんの説明はとても面白いものでした。
「花が咲いて実がなり、種ができるのはどの植物も同じ。でもこれらのマングローブは種がまだ木についているときに発芽といって芽が出る。つまり赤ちゃんが成長を始めるんだ」
「お母さんの体に赤ちゃんがいるなんて人間みたい」
とユキちゃんが感心して聞いています。
「そうそう。お母さんの体の中で赤ちゃんが育つことを胎生というのは勉強したかな。この細長いものを胎生種子と呼んでいるよ」

　この胎生種子はお母さんの木からはなれた後（落ちたあと）、その下に突き刺さったり、水の流れで別の場所に運ばれたりして、新しい生活の場所を見つけます。でも新しい場所が生活に適していないときは困ってしまいますね。

▲ふつうの植物とマングローブの違い

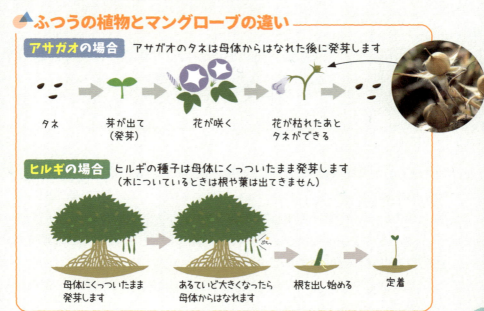

アサガオの場合 アサガオのタネは母体からはなれた後に発芽します

タネ → 芽が出て（発芽） → 花が咲く → 花が枯れたあとタネができる

ヒルギの場合 ヒルギの種子は母体にくっついたまま発芽します
（木についているときは根や葉は出てきません）

母体にくっついたまま発芽します → あるていど大きくなったら母体からはなれます → 根を出し始める → 定着

63

干潟を豊かにする落ち葉

マングローブ植物は1年を通して多くの落ち葉を干潟の上に落とします。もちろん台風がやってくる夏には特に多くの落ち葉が観察できます。落ち葉はマングローブの林の中や、周辺の干潟で暮らしている多くの動物の食物になります。干潟で観察したシオマネキの仲間やミナミコメツキガニは、マングローブの落ち葉が細かくなったものを食べているのかもしれませんね。

図15-4 マングローブの落ち葉。林の近くの干潟では細かくなった葉がカニたちの食物になります。

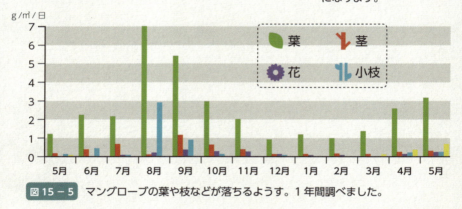

図15-5 マングローブの葉や枝などが落ちるようす。1年間調べました。

「とってもたくさんいたカニたちの食べ物はマングローブの葉なのかな」
「干潟の上には何もないように見えるけど、マングローブの葉が細かくなったものがいっぱい埋まっているのかな」
　子供たちはマングローブの林や干潟で暮らしている動物たちの暮らしぶりを少しずつ理解してきたようです。
　そうです。マングローブ生態系はマングローブの落ち葉によって支えられているといってもおかしくありません。

図 15 − 6　マングローブ林が発達しているところではカヤックなどを楽しむことができる場所もあります。

マングローブ生態系はマングローブの落ち葉によって支えられている

図 15 − 7　オヒルギ林の中に入ってみました。

16 旅するマングローブ

■ 川の流れに身をまかせ♪

マングローブの胎生種子はそのまま落ちると地面に突き刺さるかもしれません。突き刺さる場合はそれほど多くなく、地面に横たわっているかもしれませんね。でも大丈夫です。先端の方が上にまがって伸び、下の方から根が出て新しい生活が始まります。

突き刺さるのではなく、水の流れで遠くに運ばれることもあります。満ち潮の時、川の少し上流に運ばれることもあるかも知れません。でも川の上流ではマングローブは新しい生活を始められないようです。もし、それが可能であれば川の上流でもマングローブ植物が暮らしているはずですね。でもマングローブが暮らしているのは河口の近くに限られていますから上流の方はマングローブにとって暮らしにくい場所なのでしょう。

図16-1 横たわっていたメヒルギの胎生種子が立ち上がり、新しい生活を始めました。

■ 遠くに運ばれるマングローブ

「じゃあ、どこに運ばれるの？」
「あまり遠くに行っちゃうと困るんじゃない？」
　子供たちの口からは次から次へと質問が出てきます。
「引き潮の時、水に浮かんで河口から外の海に出て海流で運ばれるんだろうね。そのあと、近くの海岸にたどり着くかもしれないし、ずっと遠くに運ばれるかもしれない」
「近くなら大丈夫だ」
「遠くに運ばれるマングローブはどうなるんだろう？」
　マングローブが暮らしている熱帯や亜熱帯の海岸では時々打ち上げられているマングローブの胎生種子を見かけることがあります。そこが新しい生活を始めるために良い環境であればよいのですが、岩の上だったり、暮らしていくには温度が低すぎる場所であったりすると枯れてしまうのでしょう。

図16-2　岩礁海岸に打ち上げられたメヒルギの胎生種子。ここでは新しく芽生えて生活を始めることは困難です。

■ 浮かんでいられるのはどれくらい？

「マングローブの胎生種子はいつまでも海水に浮かんでいることが出来るの？」とユウ君が面白い質問をします。
「とてもいいところに気がついたね」とお父さんが説明をしてくれます。

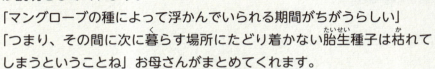

「マングローブの種によって浮かんでいられる期間がちがうらしい」
「つまり、その間に次に暮らす場所にたどり着かない胎生種子は枯れてしまうということね」お母さんがまとめてくれます。

　アメリカのフロリダ半島のマングローブで研究が行われました。水に浮かんでいる間はあたらしい芽も根も出てこないようですが、いつまでも浮いていることはできないようです。
「フロリダ半島のマングローブ林で暮らしているのは沖縄にいる種と同じものもあるし、ちがうものもある」
「えっ、同じ種もいるの？」

　社会の時間に地図を使って太平洋と大西洋の勉強をしたユウ君はびっくりしています。沖縄は太平洋の西の方にありますね。フロリダ半島は大西洋にあるのです。
「そうだね、あまり数は多くないけどヒルギダマシは同じ種ということになっているよ」

「ヒルギダマシはどれくらい水の中に浮いていることができるの？」
「5日間ぐらいと言われている」
「とても短いね。大変だ」

　Rhizophora mangle（リゾホラ マングル）というヤエヤマヒルギの仲間は40日間浮いていても大丈夫だそうです。*Avicennia germinans*（アビセニア ジャーミナンス）というヒルギダマシに近い種は2週間ほど浮いていられるようですよ。海に運ばれたマングローブの胎生種子はこれらの間に新しい生活の場を見つけなければなりません。

アーマン博士の解説★
「学名」について少しくわしく

　　　　　ヒトの学名は *Homo sapiens*（ホモ サピエンス）です。知っている人も多いことでしょう。「*Rhizophora mangle*（リゾホラ マングル）というヤエヤマヒルギの仲間」という言い方は小学生のお友だちにはわかりにくいですね

　生き物にはラテン語の名前がついていることを覚えてもらわなければなりません。これは世界中で通じる言い方で「学名」と言います。ヤエヤマヒルギ（これは和名です）の学名は *Rhizophora stylosa*（リゾホラ スタイロサ）です。フロリダ半島のものと似ていますね。学名は2つの言葉で表します。これは昔、リンネという先生が考えた方法です。この場合、最初のことばの *Rhizophora* が同じですから、この2つは近い親戚ということが出来ます。

　タマネギの学名は *Alliun cepa*（アリウム セパ）、ネギの学名は *Allium fistulosum*（アリウム フィツロサム）といいます。これはタマネギとネギが *Allium*（アリウム）という仲間の野菜ということを示しています。人間の姓と名の呼び方に似ています。そういえば、タマネギとネギは見た目も、どことなく似ていますよね。

カール・フォン・リンネ（1707年〜1778年）
スウェーデンの博物学者、生物学者、植物学者

17 マングローブの奇妙な根

■ いろいろな形の根

「マングローブは根っこの形も面白いね」

　とユキちゃんが話し始めました。

「ふつう植物の根は地下にあるよ。そこから水や養分を吸収している」

「マングローブの根はどうして地上にあるの？」

　とユウ君がもっともな質問をします。

「ヤエヤマヒルギのタコの足は木を支えているように見える」

「メヒルギの板のような根も木を支えているよ」

アーマン博士の解説★

マングローブ植物のまとめ

①ヤエヤマヒルギ

　高さが8メートルをこえるくらいに大きくなることもあります。葉はだ円形で、先たんは針のようにとがっています。胎生種子の表面はなめらかではなく、ざらついています。根はタコの足のように広がり、幹を支えている面白い形をしています。支柱根と呼ばれています。

②メヒルギ

　マングローブの中では比較的小型で、高さは5メートル程度にまで成長します。葉の先端は丸みを帯びているのが特徴です。胎生種子は他のヒルギ類より細くその表面はなめらかです。根は板のような形になっています。

③オヒルギ

　沖縄では高さが10メートルになります。熱帯では20メートル以上になることもあるようです。花のがくは赤色でよく目立ちます。胎生種子は棒のような形をしており浅いみぞがあります。根は地表面にとび出し、また地下にもぐります。人の膝に似ているので膝根といいます。

71

④ヒルギダマシ

　高さが1～3メートルの低い木です。根は泥土中を水平に伸び、とても多くの短い根が垂直に地上に出ています。これは呼吸のための根で呼吸根と呼ばれています。宮古島や八重山諸島に多く生育しています。

⑤サキシマスオウノキ

　とても大きな板状の根（板根といいます）が見られることで知られています。八重山地方のマングローブ林に見られます。この板根で船のかいを作っていたようです。

「どうしてオヒルギの根は干潟(ひがた)の上に出たり、もぐったりするんだろう」

みんな分からなくなってしまいます。きっと生き残るための知恵(ちえ)なんでしょう。

アーマン博士の解説★
じっくり観察しよう

マングローブの種は、形、色などに特徴があります。ヤエヤマヒルギはタコの足のような根を持っているからすぐわかります。では葉はどうでしょう。ヤエヤマヒルギの葉のスケッチをしてみてください。

ヤエヤマヒルギの葉

18 貝が木に登る

■ 木の上の貝たち

　ヤエヤマヒルギのタコの足のような根には、他の生き物を見ることが出来ます（図18−1）。

「マングローブのタコの足の上に貝がいるよ」

「葉っぱの上にもいる」

　子供（こども）たちが目ざとく見つけました。

「小さな丸っこい貝はウズラタマキビガイの仲間だ」

　お父さんが教えてくれました。

図18−1　マングローブ植物の根や葉の上で観察される巻貝（まきがい）たち。上：ウズラタマキビガイの仲間。下：イトカケヘナタリ。

■ ウズラタマキビガイの行動

　昔、パラオにあった熱帯生物学研究所で、ウズラタマキビガイの行動を調べた研究者がいます。この貝はマングローブの根や葉の上に多く見られます。潮の満ち引きに伴って上下に移動することを見つけました。夜間、潮が満ちてくると、水面から2メートルほど上まで登っていくことがあります。潮が引き始めると、今度は下がってきます。でも決して水の中に入ることはなく、水面から20～30センチメートルぐらい上の位置で動きをやめます。通常、マングローブの周辺は波がなく静かですが、波がある日は早めに動きだし、波を避けるように上のほうに移動するようですよ。

　最近、南太平洋のフィジーでも同じような研究が行われました。結果はほとんど同じでした。

水よりも木の上が安心するんだよね

■ 海水がきらいな貝

「細長い巻貝もいる」
「これはヘナタリの仲間。葉を食べている貝もいるね」とお父さん。
「どうして木に登るんだろう」
「木の上に餌がたくさんあるのかなあ」
　子供たちは不思議そうに貝を見つめていますが、まだ理由はほとんどわかっていないのです。
「水の中にいると魚に食べられてしまうのかもしれないね」
「海べにすんでいる貝なのに海水がきらいだなんて変だわ」
　色々話し合っています。同じことをサンゴしょうでも観察したことを覚えているでしょう。潮が満ちたり引いたりする場所で暮らしている生き物たちは、いろいろ面白いことを私たちに見せてくれますね。

潮が満ちたり引いたりすることと貝たちの暮らしが関わっていることがよくわかりました。
「潮の満ち引きのようすは季節によってちがうことを話したことがあったね。もう少し詳しく説明しよう。沖縄では大潮の時、満ち潮の時と引き潮の時の海水面の高さは約2メートルちがう」
「小潮の時は？」とお母さんが聞きます。
「短い時で約30センチメートル」とお父さん。
「ほとんど変わらないのと同じみたい」
「そうだね」
「でも、この海水面の高さは季節によってちがう。10月ごろの大潮の海水面が1年の中で一番高い。これは満ち潮の海水面も引き潮の海水面も同じ」
「わかった。潮干狩りは1年のうちで潮が良く引く時期に楽しむんだ」
　みんなかなり海岸のことに詳しくなってきました。
「季節的に海面の高さがちがうので、それに合わせて生活する場所を変えている貝がいるよ。でも沖縄では調べられていないと思う」
「面白いけど大変そう。同じところで暮らしている方が楽なのに」とユキちゃんがひとり言を言っています。

アーマン博士の解説★
世界一の潮の満ち引き

世界でもっとも潮が満ちたり引いたりする場所はどこでしょう。世界一はカナダのファンデー湾で、満ち潮の時と引き潮の時の海水面の差は16メートルもあります。

16メートル
4階建の
オフィスビル
くらいの高さ

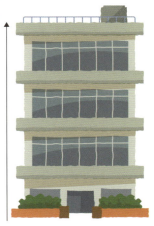

オフィスビル4階建くらいの海水面の差

フランスのサンマロ湾も有名で、その差は13メートル以上です。モンサンミシェルという世界文化遺産の島があることでよく知られています。

この島は潮が満ちていても歩いて渡ることが出来るように道が作られていますが、2017年の大潮の時は今までにない満ち潮だったので道が海水に覆われてしまいました。

モンサンミシェル：フランスのサン・マロ湾上に浮かぶ小さな島。

19 海面が上昇すると何が起こる？

■ 地球温暖化のお話

「最近、地球の環境が変わってきたということを聞いたことがあるだろう」
「地球温暖化ね」お母さんが答えます。
「うん。気候変動という言い方が多くなってきたよ。最近の100年間で約1度気温や水温が上がってしまったということが、世界のいろいろなところで報告されている」
「たった1度温度があがることがどうして大きな問題になるの？」
　ユウ君は不思議そうです。
「ユウ君は地球に氷河期があったことは学校でならったかな」
ユウ君はわからないようです。

図19-1　海面が上昇したため被害を受けているマングローブ。インドネシアのスマランの海岸。

　地球を取り巻いている大気や海水の温度は、ゆっくりと高くなったり、下がったりしてきました。そのスピードは1万年に数度と考えられています。ところが、最近の温度変化の速度は10倍以上速いといわれていますので、生き物の暮らしに大きな影響が出てきていると考えられています。
「温度が高くなって海水が膨らんだり、アルプスにある氷がとけたりするとどうなるかな？」
「海の水が増えるのかな」

図19-2　インドネシアのスマランでは植林が行われていました。

「そうだ。海の水が増えるということは海面が高くなるということだ」
「大変、みんなおぼれちゃう」
　ユキちゃんやシン君が心配しています。
「マングローブもおぼれるかもしれない」とお父さんが説明を始めます。
「今、太平洋の小さな島々では大変なことが起こっている。海面が高くなって洪水のような状態になり、被害が出ている国もあるようだよ」
　これらの写真（図19－1、19－2）はお父さんがインドネシアで撮影したものです。最近海面が上昇してさまざまな被害が出ているという話を聞いてきました。海辺にある家では潮が満ちてきたときに、海水が家の中まで入り込んでいました。マングローブは今までより長い時間、海水につかってしまうようになったため、枯れてしまったというのです。
「気候変動が原因でこうなったかどうかは、まだわかっていないと説明してくれたけど、みんなとても心配している」
「マングローブの苗木をたくさん植えて、何とかマングローブを守ろうとしていたよ」
「これは人間の生活も守ることになるね」
　お母さんは大切なことに気づいています。

図19－3　海面が高くなってくる❶とマングローブ植物は陸地方向に移動❷しなければなりませんが、陸上植物と競争が起こるかもしれません❸。

海面が上昇するとマングローブはより陸地のほうに移動しなければなりません（図19-3）。でもそこは他のさまざまな陸上植物や動物が暮らしています。陸上植物はマングローブに負けてしまうのでしょうか、それとも陸上植物の方が強いので、マングローブが暮らすことが出来る範囲が狭くなってしまうのでしょうか？

アーマン博士の解説★
地球温暖化

最近、地球が暖かくなってきていると言われています。地球はこれまでに暖かくなったり寒くなったりしていたと言われていますが、特に1980年ごろから観測されている地球規模での気温の上昇が問題になっています。それは今までにない速いスピードで気温が上昇し、いろいろな問題が生じているからです。これが地球温暖化で、その原因は、人間活動によって温室効果ガスが増加したためであろうと考えられています。

大気中には二酸化炭素などの温室効果ガスと呼ばれる気体が含まれています。これらの気体は地球の表面から地球の外に向かう赤外線を、熱として大気に蓄積してしまうのです。それが再び地球の表面に戻ってきて地球の表面の大気を暖めます。これを温室効果と呼びます。私たちは温室の中にいるようなものです。

大気中の温室効果ガスが増えると温室効果が強まり、地球の表面の気温が高くなります。人間は石油や石炭を大量に使用しています。また森林を伐採すると植物が二酸化炭素を吸収する量が減少します。その結果、大量の二酸化炭素などが大気中に放出されることになり、温室効果はもっと高くなると予想されます。

現在、世界各地で起こっている氷河の減少や異常気象などはこの地球温暖化が原因であると考えられており、さまざまな生物の活動に影響を及ぼしています。

将来、地球の気温はさらに上昇すると予想されており、地球規模で対策が講じられようとしています。

20 マングローブ林の大きな貝

図20-1 キバウミニナ

■ マングローブと貝

　マングローブの林の中には珍しい貝が暮らしています。その一つが、キバウミニナ（図20-1）です。皆さんは干潟で見つけた細長い貝を覚えていますか？イボウミニナでしたね。この「ニナ」とは巻貝という意味なので、イボウミニナは「海にすんでいるイボイボがある巻貝」ということになります。淡水にすんでいる「カワニナ」は、ホタルの幼虫の餌になることで有名なので知っている人も多いでしょう。カワニナは「川にすんでいる巻貝」という意味ですね。

　キバウミニナは日本にすんでいるウミニナの仲間の中でもっとも大型になる貝で、長さは10センチメートル以上になることもあります。キバがあるわけではありません。その形が大型動物（あるいは鬼！）のキバに似ているので名付けられたのでしょうか？この貝がすんでいるのは主に西表島のマングローブ林です。

図 20 – 2
西表島の貝塚で見つけたセンニンガイ。
食料にしていたのでしょうか？

「夏休みに西表島に行こう」
　とお父さんがうれしいことを言ってくれます。
「キバウミニナがマングローブの落ち葉を食べているところが見られるよ」
　子供たちは楽しみが増えたのでニコニコしています。
「西表島の貝塚から、キバウミニナに似たセンニンガイ（図 20 – 2）という貝が出てくる。今では生きたセンニンガイを見つけることが出来ないようだ」
　タイやインドネシアの泥っぽい干潟では今でも生きているセンニンガイを見つけることができます（図 20 – 3）。

図 20 – 3
インドネシアの泥っぽい干潟を歩いているセンニンガイ。近くには貝がらがたくさん捨てられていました。人が食べたのでしょう。

実際の大きさ

図20-4
ヤエヤマヒルギシジミは
日本で最大のシジミの仲間。

「マングローブの林の中にはもうひとつ日本一の貝がいる」とお父さんが話し始めました。
「それはヤエヤマヒルギシジミという、日本一大きなシジミの仲間だよ」（図20-4）
「お味噌汁に入れるシジミのこと」とユキちゃんが聞き返しています。
「そうそう。でもとても大きい」
　お父さんは泥の中から大きな貝を掘り出しました。直径は10センチメートルぐらいです。
「わあ、でかい」とみんなびっくり。
「これがヤエヤマヒルギシジミだ。以前はシレナシジミと呼ばれることが多かったかな」

■ ホントの名前はどれ？

ヤエヤマヒルギシジミの名前はちょっと厄介です。シレナシジミ、ヤエヤマヒルギシジミ、ヤエヤマシレナシジミ、マングローブシジミなど、いろいろな言い方で呼ばれているからです。最近出版された貝の図鑑（奥谷喬司：日本近海産貝類図鑑、東海大学出版部）によるとリュウキュウヒルギシジミという種もいるようです。

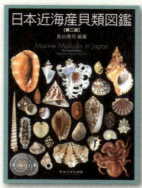

写真提供：東海大学出版部

21 マングローブ林のカニ

■ 泳ぐことができるカニ

　マングローブ林でみられるカニの中で最も有名なカニはノコギリガザミでしょう（図 21 - 1）。甲羅のふちがギザギザしていることから名づけられたようです。マングローブ林だけにすんでいるわけではなく、河口付近などで見かけることがあります。深い穴を掘って暮らしています。

　ガザミの仲間は「ワタリガニ科」というグループのカニたちです。一番後ろの足が平たいという特徴があります。

　お父さんは「この足を使って泳ぐことが出来るので、この仲間は英語でスイミングクラブと呼ばれている」と説明します。

「水泳教室？」

「ちがう。このクラブとはカニのこと」

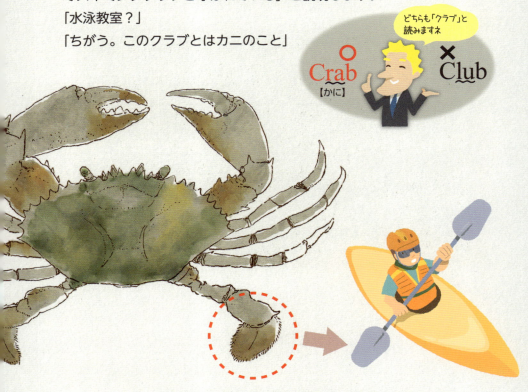

平たい足は形がカヤックなどのパドルに似ています。
パドルとは水をかいて舟を進める道具で、櫂またはオールとも言います。

「ノコギリガザミは大きいので食料として重要だ」
「沖縄でも養殖が始められているらしい。この仲間は沖縄に3種いると言われているけど、お父さんには区別が出来ないな」

図21-1 那覇の公設市場でノコギリガザミが売られていました。

沖縄では那覇の公設市場で売られているのを見ることがあります。ときどき夕食に出してくれる民宿もあるようです。東南アジアや太平洋の国々に行くと市場で普通に見られます。またレストランでも食べることが出来ます（図21-2）が、ちょっと価格は高めです。

図21-2 パラオでパーティーのテーブルに並んだノコギリガザミ。まわりに並べられているのはオカガニの仲間の甲らに詰められた料理。

87

マングローブ林にすむいろいろなカニ

図21-3 ヤエヤマヒルギの根の上で素早く動きまわるヒルギハシリイワガニ。根の表面をハサミでけずりながら何かを食べています。とても素早いので写真を撮影するのが困難です。

ユウ君が目ざとくカニを見つけました。
「あっ。マングローブの根の上をカニが歩いている」
「これはヒルギハシリイワガニ。ヤエヤマヒルギの根の上でよく見かけるカニだよ」

マングローブの根の上を歩いているなんて、何とも奇妙なカニですが、そこで暮らさなければならない理由があると思われます。食べ物が十分にあるのかどうか、心配になりますね。

マングローブ林の近くを川が流れています。川岸にはたくさん穴が開いています。直径は大きいもので5センチメートル以上のものもあります、シン君が穴を見つけました。
「これは何の穴？」
「多分オカガニの巣穴だ」とお父さんが教えてくれます。
「夏の夜には面白いものが見られるかもしれない」
「なんだろう」子供たちは興味しんしんです。
「カニのメスはお腹に卵を抱えることを話しただろう。オカガニは普通は水際から少し離れたところで暮らしているけど、卵から子供がかえる

図21-4 夏には産卵のために、道路を横切って海岸に降りて行くオカガニに出会うことがあります。腹にはふ化直前の幼生をいっぱい抱えています。

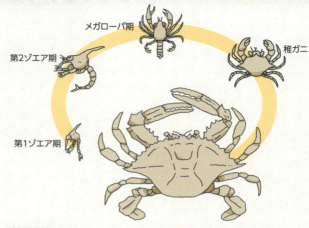

ころになると海辺に移動するんだ（図21-4）」
「赤ちゃんを海に放すのね」とお母さんはひらめいたようです。
「赤ちゃんの姿は親のカニとは全く違う形をしていて、幼生と呼ばれている。幼生はしばらくの間プランクトンとして海に浮かんでいるけど、成長すると戻ってくるよ」
　子供たちにとっては不思議なことばかりです。

図21-5　カニの一生。一般的にカニの仲間はゾエア期とメガローパ期という幼生の時代を過ごした後、親の形に変態します。

■ 道路を横切るオカガニ

　オカガニは海岸から離れたところにも巣穴をほって暮らしています。海岸線の道路よりも陸側にいることも珍しくありません。そんな時、オカガニは赤ちゃんを海に放つために道路を横切らなければなりません。
「あぶない！」
「車にひかれてしまうよ！」
「どうしてそんな危ないことをするんだろう」
　子供たちは口々に心配しています。

夏の満月の夜、西表島や久米島をはじめ沖縄の島々では道路を渡るオカガニの姿を見ることが出来ます。とてもたくさんのカニが歩いていてびっくりすることもありますよ。

図21-6 卵を抱えたオカガニが道路を横断して海岸に移動する様子（池間島）
写真提供：宮古毎日新聞社

「海岸には堤防が作られていることが多いけど、陸の方に戻ろうして一生懸命堤防を上ろうとしているオカガニをみかけることもある」
「大変。オカガニさんに道路を作ってあげようよ」と優しいユキちゃんがアイデアを出します。
　皆さんはヤシガニを知っているでしょうか？ヤシガニ（図21-7）も同じような暮らしをしています。オカガニやヤシガニが暮らしやすい海岸を残してあげたいものです。

図21-7　ヤシガニ

22 ピョンピョンはねるトントンミー

図22-1 かわいらしいトントンミー

干潟の上にいるハゼの仲間

マングローブ林の近くを細い川が流れています。
「何か泥の上をはねている」
「川の上をピョンピョンはねて、向こうの岸に渡ったよ」
子供たちが面白いものを見つけました。沖縄ではトントンミーと呼ばれるハゼの仲間です（図22-1）。
「沖縄にはトビハゼとミナミトビハゼがいる。干潟の上にいるハゼの仲間では、有明海にいるムツゴロウが有名だね」とお父さんが説明してくれます。

91

「トカゲハゼもいるんじゃない？」
お母さんが付け加えます。
「トカゲハゼはあちこちにいるわけじゃない。別の日に見に行くことにしよう」
お父さんが約束してくれました。

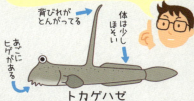

図22-2　トビハゼの仲間が巣穴から顔をのぞかせています。

トビハゼやミナミトビハゼは泥の中に巣穴を掘って暮らしています（図22-2）。また巣穴の入り口の近くはなわばりになっていて、時々ケンカをしているようすを見ることができます。シオマネキたちと同じですね。

■ トビハゼとミナミトビハゼの違い

　オスは巣穴の中にメスを呼び込んで子供を作る活動をします。春には盛んにダンスをしながらメスを誘っているオスの活動を観察することができます。巣穴の中にはたくさんの卵が産みつけられます。

　卵からかえった子供の魚は海中に泳ぎ出し、1.5センチメートルほどのサイズに成長すると干潟の上で暮らし始めます。

「どうして水の中で暮らさないんだろう？」
「干潟の上にいて乾燥してしまわないのかな？」
　子供たちにはわからないことがたくさんあります。
「トビハゼは沖縄より北の干潟にいる。ミナミトビハゼは沖縄より南にいるんだ」
「この2種が同じ干潟にいることもある。でもよく見るとすんでいるところが別々のようだ」
「好きな環境がちがうのかな、それともケンカしないように工夫しているのかな？」
　なかなか専門的な意見を言うユウ君をお母さんは感心してみています。
「トビハゼとミナミトビハゼはどこがちがうの？」
　ユキちゃんがもっともな質問をします。
「幾つかちがうところがある。背びれの頭に近いところが丸いのがトビハゼ、とがっているのがミナミトビハゼだ」
「もう一つ背びれに違いがある。前のひれの上の方に黒いすじがあるのがミナミトビハゼだ（図22－3）」
「でも背びれがよく見えない。つまんない」とユキちゃんは不満そうです。

図22－3　トビハゼとミナミトビハゼの違い。背びれに注目！

23 大きな泥のやま

■ 1メートルを超えるおおきな巣穴

　マングローブの林の中に入りました。泥で出来た高さが50センチメートルくらいの山が見えます（図23－1）。
「向こうにもっとでかいのがある」
「てっぺんに穴が開いている。何か出てくるかな」
「草が生えているよ」
　子供たちが観察を始めました
「これはオキナワアナジャコ（図23－2）というエビの仲間がつくったものだよ」
「山の高さは10センチメートルくらいの小型のものから、1メートルを超える大きいものまでいろいろあるね」

図23－1　オキナワアナジャコの巣穴。
　　　　　夜には巣穴から泥を運び出しています。積み上げられた泥は山のようになり、大きなものにはススキが生えているものもあります。

■ トビハゼとミナミトビハゼの違い

　オスは巣穴の中にメスを呼び込んで子供を作る活動をします。春には盛んにダンスをしながらメスを誘っているオスの活動を観察することができます。巣穴の中にはたくさんの卵が産みつけられます。

　卵からかえった子供の魚は海中に泳ぎ出し、1.5センチメートルほどのサイズに成長すると干潟の上で暮らし始めます。
「どうして水の中で暮らさないんだろう？」
「干潟の上にいて乾燥してしまわないのかな？」
　子供たちにはわからないことがたくさんあります。
「トビハゼは沖縄より北の干潟にいる。ミナミトビハゼは沖縄より南にいるんだ」
「この２種が同じ干潟にいることもある。でもよく見るとすんでいるところが別々のようだ」
「好きな環境がちがうのかな、それともケンカしないように工夫しているのかな？」
　なかなか専門的な意見を言うユウ君をお母さんは感心してみています。
「トビハゼとミナミトビハゼはどこがちがうの？」
　ユキちゃんがもっともな質問をします。
「幾つかちがうところがある。背びれの頭に近いところが丸いのがトビハゼ、とがっているのがミナミトビハゼだ」
「もう一つ背びれに違いがある。前のひれの上の方に黒いすじがあるのがミナミトビハゼだ（図22－3）」
「でも背びれがよく見えない。つまんない」とユキちゃんは不満そうです。

図22－3　トビハゼとミナミトビハゼの違い。背びれに注目！

23 大きな泥のやま

■ 1メートルを超えるおおきな巣穴

　マングローブの林の中に入りました。泥で出来た高さが50センチメートルくらいの山が見えます（図23－1）。
「向こうにもっとでかいのがある」
「てっぺんに穴が開いている。何か出てくるかな」
「草が生えているよ」
　子供たちが観察を始めました
「これはオキナワアナジャコ（図23－2）というエビの仲間がつくったものだよ」
「山の高さは10センチメートルくらいの小型のものから、1メートルを超える大きいものまでいろいろあるね」

| 図23－1 | オキナワアナジャコの巣穴。夜には巣穴から泥を運び出しています。積み上げられた泥は山のようになり、大きなものにはススキが生えているものもあります。 |

図23－2　オキナワアナジャコ

てっぺんには穴が開いていますが、オキナワアナジャコが外に出てきて遠くまで出かけることはないようです。夜、穴の中から泥を運んできて外に捨てる様子を観察することが出来ます。穴の付近には掘り出されたばかりで、まだ乾燥していない砂や泥を見つけることができるはずです。これは昨日の夜に運び出したものでしょうね。

　何のためにこのような大きな塚をつくるでしょうか。中でどんな生活をしているのでしょうか？いろいろな疑問が出てきますが、ほとんど調べられていません。

　砂や泥がどんどん掘り出され、山が大きくなると、その上に陸上で暮らしている植物が芽生え始めます。オキナワアナジャコが山を作る活動はマングローブの林の中の環境を変えてしまうような気がしませんか。やがてここは陸地になってしまうのでしょうか？
「エコシステム・エンジニアだ」
ユウ君は干潟で聞いた話を思い出しました。

　八重山のオキナワアナジャコのことを「ダーナーカン」と呼び、前に紹介した石垣島の名蔵アンパルのカニたちが登場する民謡にも歌われています。

　10数年前、フィジーの市場で売られていたのを見たことがあります（図23－3）。でも5年前に行ったときは見かけませんでした。少なくなってしまったのでしょうか？生き物のようすは変化しているのかもしれません。

図23－3　フィジーの市場で売られていたオキナワアナジャコ

◼ あとがき

　干潟ではシオマネキたちが大勢でダンスを踊っていましたが、潮が満ちてくるころになると、巣穴の中に入ってしまいました。カニたちは砂や泥で巣穴にふたをしていましたよ。中でどんな生活をしているのでしょう。

　あんなに広い干潟が水でおおわれてしまいました。ところどころではねているのは魚でしょうか？足もとまで水につかりながら歩いていると、足もとで小魚が泳いでいます。今までとは別の生き物が活動を開始するのかもしれません。「次は水の中ものぞいてみたいな」と子供たちが興味を持っています。

そろそろ荷物をまとめて車に積み込んで家に戻る準備をしなければなりません。名残惜しそうな子供たちを車に乗せて出発です。車が動き出すと、子供たちはいつものように、あっという間に眠りについてしまいました。お母さんは「子供たち、どんな夢をみているのかしら」と思いを巡らせています。

著者：プロフィール

土屋　誠（つちや　まこと）

1948年愛知県生まれ。琉球大学名誉教授。理学博士。
1976年東北大学大学院理学研究科を修了後、東北大学助手、琉球大学教授を経て、2014年に退職。この間、琉球大学理学部長、日本サンゴ礁学会会長、環境省中央環境審議会臨時委員、Pacific Science Association 事務局長などを歴任。現在、琉球大学島嶼地域科学研究所客員研究員

専門は生態学。主要編著書に、「美ら島の生物ウオッチング 100」、「サンゴ礁のちむやみ：生態系サービスは維持されるか」、「きずなの生態学」、「サンゴしょうのおとぎ話（沖縄タイムス出版文化賞受賞）」などがある。2017年8月には海洋立国推進功労者表彰（内閣総理大臣表彰）を受ける。

本書の作成にあたり、貴重な写真を借用させて頂いた梶原健次氏（名蔵アンパルの干潟や鳥たち、ツノメガニ）、環境省漫湖水鳥・湿地センターのスタッフ（ヒルギハシリイワガニ）、および企画編集にご尽力いただいた株式会社 東洋企画印刷のスタッフの方々には大変お世話になりました。心より感謝申し上げます。

デザイン・イラスト：稲嶺 盛一郎（株式会社 東洋企画印刷）

シオマネキのダンス
なかよし家族の観察ノート vol.2

発　行	2019年6月24日
著　者	土屋　誠
印　刷	株式会社 東洋企画印刷
製　本	沖縄製本株式会社
発売元	編集工房 東洋企画

〒901-0306 沖縄県糸満市西崎町4丁目21-5
TEL：098-995-4444　　FAX：098-995-4448
https://toyo-plan.co.jp/　　✉ info@toyo-plan.co.jp

定価はカバーに表示しています。
本書の一部、または全部を無断で複製・転載・デジタルデータ化することを禁じます。
ISBN978-4-909647-01-6

この印刷物は、E3PAのゴールドプラス基準に適合した地球環境にやさしい印刷方法で作成されています
E3PA：環境保護印刷推進協議会
http://www.e3pa.com

この印刷物の情報は個人情報保護マネジメントシステム（プライバシーマーク）を適用しています。
株式会社 東洋企画印刷　プライバシーマーク〈24000430〉